从自贩机到乐高：

隐蔽而伟大的设计力

石 佳 主编

硅谷造城记

电子工业出版社
Publishing House of Electronics Industry
北京 · BEIJING

图书在版编目（CIP）数据

从自贩机到乐高：隐蔽而伟大的设计力. 硅谷造城记 / 石佳主编. -- 北京：电子工业出版社，2021.4
ISBN 978-7-121-40212-8

Ⅰ. ①从… Ⅱ. ①石… Ⅲ. ①工业设计 – 普及读物
Ⅳ. ①TB47-49

中国版本图书馆CIP数据核字（2021）第014440号

责任编辑：胡　南
印　　刷：河北迅捷佳彩印刷有限公司
装　　订：河北迅捷佳彩印刷有限公司
出版发行：电子工业出版社
　　　　　北京市海淀区万寿路173信箱　邮编 100036
开　　本：720×1000　1/32　印张：9.75　字数：180千字
版　　次：2021年4月第1版
印　　次：2021年4月第1次印刷
定　　价：98.00元（全五册）

凡所购买电子工业出版社图书有缺损问题，请向购买书店调换。若书店售缺，请与本社发行部联系，联系及邮购电话：（010）88254888，88258888。

质量投诉请发邮件至zlts@phei.com.cn，盗版侵权举报请发邮件至dbqq@phei.com.cn。

本书咨询联系方式：（010）88254210，influence@phei.com.cn，微信号：yingxianglibook。

硅谷造城记

硅谷造城记

作者｜亚历山德拉·朗格　　　　　　**译者**｜梁涵

　　建筑学和人类学者朗格潜入 Apple、Facebook、Google 等公司的总部，试图探索一种新的城市类型——互联网之城。越来越多的硅谷科技公司将自己的园区建得像一座城市。他们到底借鉴了哪些城市的特质？为激发员工创造力，制造更多"意外之喜"（serendipity），他们做了什么精妙的设计？他们就像在设计一款能让员工长时间沉浸其中，并最大程度地贡献创造力的游戏。但毕竟这是在创造一款现实游戏，硅谷能像它在重塑网络虚拟空间时那般自如吗？

　　Facebook 的总部位于加利福尼亚州的门洛帕克市。此时正值午餐时间，在这家公司的"史诗咖啡馆"里，员工们 12 点准时排起了队伍，领取热腾腾的午餐。今天主打希腊口味的食物，包括甜菜根拌饭、希腊菠菜派、甘蓝和一份鸡肉或羔羊肉。菜单里永远都有鸡肉。一名员工告诉我："他们只是换换调味料而已。"在我们脚下早已磨损的木地板上，画着一幅黑色的电路示意图。墙上贴满了从复古食谱上撕下的书页。在用餐区的边缘，摆放着制作意式三明治的帕尼尼机、专业级别的意式浓缩咖啡机和当地人最爱的菲尔兹咖啡，还有提供沙拉的吧台和制作寿司的摊位。

没过多久，咖啡馆里便人声鼎沸起来。这里的建筑平面图类似于一家学校餐厅，但装潢和菜式则与之全然不同。它的设计师是罗曼和威廉姆斯（Roman & Williams），纽约埃斯酒店（The Ace Hotel）的设计便出自他们之手，尤其值得一提的是酒店里有名的嵌入式大厅。整个咖啡馆色调偏深，选材多为再生材料，突显工业化风格，让人联想到（对硅谷来说）具有神圣意义的车库。隔开不同房间的是刷黑漆的管道，它们还被作为餐桌的桌腿。一排排野餐桌摆满了一侧的过道，上面刷了厚厚的清漆。另一排桌子上印有超大号的数字，每张桌子上配有一把现代教室里常用的学生椅。供应咖啡的地方支起几张矮桌，周围摆着一圈方沙发，类似酒吧里的软质矮长凳。这里的大多数墙面是活动的，若是遇上温暖的好天气，墙面上的卷帘门会打开，露出的树脂玻璃会朝向园区中央一根露天的立柱，这根立柱目前仍未完工。卷帘门打开后，墙外的主要街道尽收眼底。

"在此之前，我们的办公室位于帕洛阿尔托市中心，我们不得不穿越城市去上班，并与它产生各种互动。"设计师埃弗雷特·卡蒂瓦克（Everett Katigbak）说。他与根斯勒建筑设计公司（Gensler）一起致力于 Facebook 办公室的翻新工程。"我们中的很多人已经习惯了之前的工作环境。从一座办公楼里走出来，买一杯咖啡，再去另一座办公楼里开会，这已是一种习惯。我们也想在新园区里创造流动性，让这里充满活力，让这里的街道热闹起来。"

这家社交媒体公司计划要在新园区所有建筑物的一层安插零售商店。供职于 Facebook 企业通讯部的斯莱特·托（Slater Tow）表示："这一举措是为了让在这工作的人们产生一种穿行在市中心的感觉。我们会搭建遮阳棚，在建筑物前端设置店面，进行景观设计。其中会有真实的品牌入驻，也会有 Facebook 自营的商家。"在一间专用于园区规划的会议室里，墙上挂着园区内建筑物的视觉效果模型，园区外的马路对面是一处尚未开发的通用汽车选址所在地。我还看到了以白天和夜晚模式呈现出的盖蒂艺术中心、环球航空公司的机场隧道、"交互式智能家具"和很多条迪士尼式的模拟城镇主街道。托告诉我，有一整个来自迪士尼的设计师团队参与了他们的设计，为 Facebook 应该如何安置新的室外连接设施提供了意见。

除了咖啡店，园区里还配备了一家自行车商店、一位坐班医生、一座带私教的健身房、一间烧烤棚和一个披萨售卖摊点。而且，这家公司的技术部还在一扇新卷帘门旁设置了服务窗口。在未来某个阳光明媚的日子里，你能边窝在沙发里玩游戏，边呼吸新鲜空气，你的笔记本电脑如果出了任何问题，还能及时得到维修……而且，没错，这就是你的工作日常。

正如其他人曾指出的那样，Facebook 的员工和埃斯酒店的顾客同属一类人，他们穿着合身的花格子衬衫和舒适的软底鞋，都需要上等的咖啡和随时随地的无线网络覆盖。然而，纽约西 29 号街上的埃斯酒店已经成为众多会议的举办场所和迎合各类宾客需要的入住之所，而 Facebook 总部的新园区却仅供该公司员工独享。所有的食物免费供应，你可能结交的所有新朋友也都是来自 Facebook 的员工。

互联网之城

Facebook 的烧烤摊模仿了都市快餐车的风格，你可以从弹出式菜单上选择你想要的食物。

2011 年 6 月 7 日，星期二，迟到的史蒂夫·乔布斯在库比蒂诺市政厅门前公布了光彩照人的无缝、白色苹果新产品计划：苹果公司的新总部。这座环形的玻璃墙建筑计划容纳 12000 名员工。乔布斯表示："它的样子有点像一艘降落的太空飞船。"在昏暗日光的照射下，我的确联想到了斯皮尔伯格导演的电影，比如《第三类接触》。

我惊异于这里看不到尽头的办公室走廊，还在Twitter 上大发感叹：究竟哪家公司能承造这些庞大的曲面玻璃？可后来，我才意识到苹果的这座环形总部让我联想到了其他的东西。那东西无关未来，而是属于1957 年。正是在那一年，SOM 建筑师事务所（Skidmore, Owings & Merrill）完成了康涅狄格州通用人寿保险公司的总部，它位于哈特福德郊区的布卢姆菲尔德。没错，这座建筑是方形而非环形，但它与苹果的环形大楼在整体概念上却惊人地相似：它们都是内向型、密闭式、异位企业建筑物。它们的建筑风格独特，采用先进技术，远离市区，却自成一体，拥有独立的园区、餐厅、艺术品区、商铺、保龄球馆和俱乐部。离开了都市生活的员工们在这里重建了新的社交圈。硅谷的战后建筑风格始于一座"现代版的康涅狄格州议会大厦"，那就是位于圣何塞的IBM25号大楼，其设计师为约翰·博尔斯（John Bolles）。

虽然硅谷的产品为众人所乐道，那里的城市化建筑风格却鲜少有人提及。事实上，当我在博客里谈到苹果的环形总部风格守旧时，很多当地建筑评论家只是耸耸肩。所有技术园区的外观都为内向型，继承的都是过去城市建筑的风格。苹果公司只是对它进行了改进，正如苹果对自己的多款产品所做的那样。人们都说，眼见为实。

克里斯托弗·霍桑（Christopher Hawthorne）是《洛杉矶时报》的建筑评论家，他在专栏里同样写到了这些建筑的怀旧风格：

> 为了向硅谷现有的园区景观致敬，规划中的苹果新总部堪称"田园资本主义"的经典范例，路易斯·莫津戈（Louise A. Mozingo）在麻省理工学院出版社的一本新书中提及了此概念。

她在书中写道：企业房地产行业的兴起也反映了杰弗逊式的国家观念。从早年起，人们就热衷于"在远离城市的郊区占领一片田园牧歌式的土地，那里与世隔绝，为其专有，远离文明，是一片尚未开发的处女地"。当然，这些描述也足以完美形容规划中的苹果总部。

在早年的硅谷，企业家们从创业初期的车库搬进了低矮的企业园区，这些园区起初是由大学建立的，比如斯坦福研究园区。莫津戈将它们定义为：兴起于 20 世纪 40 年代的办公与实验用途的园区，围绕中心绿地而建，周围是停车场。这些建筑物依照大学校园风格而建，仅限于研究用途，是为了吸引学术界的科学家与工程师将他们的办公室搬离工业化环境，给予他们相对独立的空间。如果将办公地点设在郊区，那么离开园区吃一顿午餐的时间将远远超过午休时间，即便附近有当地餐厅的支持。但人们的确需要在漫长的工作日里得到片刻精神上的休息。20 世纪 60 年代中期，IBM 在洛斯加托斯建立了研究设施。其外围是红杉林，园区景观由劳伦斯·哈尔普林（Lawrence Halprin）设计。莫津戈引用了 IBM 当时高层的一番话："休息与工作同等重要……根据现代心理学有关效率本质的理论，人们可以时常眺望户外的景色，从而得到短暂的休息。"这一模式一直沿用至 20

世纪 90 年代，直到各家公司逐渐繁荣起来，建起了新的内向型园区。它们彼此松散联系在一起的建筑物构成了复合式建筑群，在园区里工作的人们既可以享用食物，也可以观赏园区景致。被 Facebook 选择修建主街的地方，曾是太阳微系统公司（始建于 1999 年）的办公园区所在地，那里曾有一座公园，里面种着精心修剪的树篱和未遭践踏的草坪。

而在 2012 年，我在硅谷所注意到的是，苹果的大多数员工并没有远离城市，他们的内心仍旧留恋城市的氛围。在苹果的"议会厅"，人们似乎在尝试重现城市生活，然而这一切都只发生在园区的安保范围内。曾几何时，资本主义者的理想是回归田园牧歌，时至今日，他们也已经离不开都市生活。即便是在北加利福尼亚州高速公路密布的地区，彰显都市风格的品牌和更环保的都市生活方式也日渐深入人心。

人们有多依恋都市生活，从接下来这几段话中一看便知。Facebook 在公布他们要搬到太阳微系统公司旧址的消息时表示，他们希望营造"一种都市街道的感觉"。《大都市》（*Metropolis*）杂志 2011 年 11 月刊上登有一篇安德鲁·布卢姆（Andrew Blum）的文章，文中指出，Studio O+A 的联合创始人普里莫·奥皮拉（Primo

Orpilla）十分重视当代办公室中的公共空间，将其比作"市政厅"。奥皮拉也是 Facebook 和美国在线办公园区的设计者。

纽约埃斯酒店的大厅就是奥皮拉心中的标杆，他说："大多数时间里，我们需要将 Facebook 园区用作聚会、玩游戏和用餐的场所，就像购物中心里的美食广场。我们想要营造热闹的氛围，当然不想让里面空空如也。"

Google 里所有的用餐地点都称为"咖啡馆"，而不是其他企业常用的"食堂"二字。Facebook 的烧烤摊模仿了都市快餐车的风格，你可以从弹出式菜单上选择你想要的食物。47 年前，建筑师查尔斯·摩尔（Charles W. Moore）曾驱车前往南加利福尼亚寻找公众生活的蛛丝马迹。他得出的结论是，在阿纳海姆市的迪士尼乐园最容易有所发现。入口处的自助服务终端上标明了门票价格，里面是一条干净整洁、灯火通明的主街。摩尔还写道：相对于公共空间，洛杉矶更偏爱当地的私人岛屿，那里没有明显的市中心的概念。硅谷或许也是如此。那些入驻的公司就像是一座座岛屿，每一家公司都拥有自己独立的主街商业区。

在游览旧金山湾区的过程中，我既把自己当成一名游客，又把自己当成一位空间人类学家，在旅行途中带着若干疑问，试图探索一种可能存在的新的城市类型——互联网之城。我参观了苹果、Facebook、Google 以及另外几处规划中的旧金山互联网公司园区。这些技术公司到底看中了城市的哪些特质？如果他们真的在意这些特质，为何不将办公室搬进城市？他们到底选择将哪些城市元素融入郊区的办公场所，又有哪些元素无法赢得他们的青睐？如果一家企业要在郊区的办公场所里为员工们提供一个舒适的家，真正的城市和郊区本身又会发生什么变化？

　　西海岸的评论家们所言非虚，根本没有必要把苹果搬到"市中心"。我在寻找库比蒂诺市的中心时迷了路，而森尼韦尔市的中心不过是穿插着几条多行道的购物商业区。然而，对一座城市、它的中心商业区甚至那里的购物美食广场来说，如果 Facebook 在那儿建立了自己的"企业城"，这又意味着什么呢？如果这些公司占用的空间越来越多，它们还能否继续为员工提供各种福利，又向其他市民纳税呢？霍桑引用了莫津戈得出的结论，后者对此持消极态度，认为企业扩张会对其员工和公共领域造成不利影响，她这样写道："如果你在工作日里只能见到同事，你窗外的景色仅局限于公司范围内精心规划的绿地，那么，我们可以预见，城市公共领域内的责任共担理念只会离我们越来越远。"

最后，我们回到最基本的问题：苹果总部到底长什么样？你从技术博客里的图集里找不到它的答案。

科技公司的模样与"意外之喜"

每位设计师都在跟我重复同一个词，叫作"意外之喜"（serendipity），虽然这个词本身并没什么新意。

城市里的科技公司长什么样？答案再简单不过了。劳拉·克雷希曼诺（Laura Crescimano）是一位供职于根斯勒的设计师和研究员，她曾在《城市规划师》（The Urbanist）杂志上发表过题为"非典型企业园区"（The Not-So-Corporate Campus）的文章，做出了回答。在过去十年里，企业园区的面积已经缩减。每位员工占用的平均面积已经从 350 至 500 平方英尺（约 33 至 46 平方米）缩减到 150 至 250 平方英尺（约 14 至 23 平方米）。这意味着，办公室成了工作站，小隔间也被办公桌取代。虽然这一现象增加了现有建筑物可容纳的员工人数，但它也增加了共享空间的面积。克雷希曼诺在文中写道："这种新型工作场所之所以兴起，是源于人们追求的一种生产力，它将文化的生产潜力置于首位。"

　　一家公司愿意在办公场所的办公体验方面投资，目的是增强自我实力：这样做能吸引人才、培养员工忠诚度、鼓励他们花更多的时间待在办公室，如此一来，公司的生产力便会提高……生产力与办公体验之间的联系促使那些单一用途的办公场所转变为城市风格的多功能场所。虽然这一举措达到了"将办公场所设在城市中"所能达到的效果，但我们并不一定需要将办公场所真正安置于城市。

　　硅谷的技术公司们希望获得空间多样性和步行便捷性，制造更多的机缘巧合，激发更大的创造力，但它们需要的是这一切都发生在一个安全可控的环境里。它们借用了城市规划的套路，设立了城市广场、主街、居民区、咖啡馆、社区公园和流动餐车，但在供应多种食物的背后，其实只有一位大厨［以 Facebook 为例，这位大厨名叫约瑟夫·德西蒙（Josef Desimone），他还曾供职于 Google］，订购寿司、传统希腊馅饼的食材，准备披萨所需的奶酪和烧烤摊所需的猪肉，都由这位大厨一人完成。它们为什么要这么做？没人能用数据来回答我。然而，一个业内公认的观念正在萌芽，每位企业园区的设计师都在跟我重复同一个词，叫作"意外之喜"（serendipity），虽然这个词本身并没什么新意。

正如伊恩·莱斯利（Ian Leslie）在《智生活》（*Intelligent Life*）2012 年 1/2 月刊上一篇标题为"寻找意外之喜"（In Search of Serendipity）的文章中所写：

互联网刚出现时，它的早期拥趸们便希望它能媲美历史上最能给人们带来意外之喜的"机器"，那就是城市。现代都市源于 19 世纪。那时，它为人们带来了指数型的增长，当然，这里的增长指的是人口。艺术家和作家们视其为一座获得新发现的巨型游乐场，其中充满了无数机缘巧合。都市漫游者也自此出现：他们在大街小巷间闲逛，心中怀有一个目标，但手中却无一张地图。

……某些我们最有可能获得意外之喜的空间受到了互联网的威胁。信步走进一家书店，找些书读：桌上的书衣闪着微光，架上的书脊挑逗着你。你可以随手拿起一本，感受书页抚过双手的触觉。你也许没找到你原本中意的书，但你可能会带走三本意外的新发现。

……而另一方面，正如扎克曼所说，意外之喜的效率不高也是必然。这的确是它的弱点，如果我们希望追求便捷和速度，它便无济于事。
而且，它还需要一定的模糊性。数字化的系统
并不擅长制造模糊性，我们的耐心似乎也逐渐
被消磨。

如果数字化的系统无法制造意外之喜，那就由物质
化的场所来代劳。至少发起者们希望如此。正是那些产
生在校园里、城市中，甚至公司咖啡馆（Gmail 便是如
此）的意外之喜催生了这些远离城市的技术公司。美
食、健身房、社区公园、自行车商店，所有这些，都是
为了防止人们在公司和家之间驾驶汽车，陷入重复的两
点一线式生活，为了让他们站起身来、走到户外并积极
参与各项活动。来自各个领域的天才们在这里排队、停留、
休憩，辗转于室内和室外之间。与此同时，他们也在创新。

想想博林·齐温斯基·杰克逊公司（Bohlin Cywinski
Jackson）为史蒂夫·乔布斯另一家公司设计的总部，没错，
我说的就是皮克斯动画工作室。正如乔纳·莱勒（Jonah
Lehrer）在《纽约客》上发表的分析文章"头脑风暴之
谜"（The Brainstorming Myth）中描述的那样：

　　　　将总部围绕一处中庭而建，这样一来，供

职于皮克斯的艺术家、作家和计算机科学家们就有更多的机会遇见彼此。

……乔布斯很快便意识到，仅仅设置一处通风敞亮的中庭是不够的，他需要让员工们真正走进那里。他先从邮筒着手，将它们挪到了中庭大厅里。随后，他又将会议室挪到了中庭，接着，餐厅、咖啡厅和礼品店也相继被搬到了那里。

再举一例，约翰·艾戈（John Igoe）是 Google 在北加利福尼亚州的房产、设计和施工总监，他在旧金山规划与城市研究协会（简称 SPUR，一个致力于改善城市规划的非营利组织）的一次小组讨论中说："大部分工程师具有内向型人格，每个人都需要设法解决团队合作的问题。"对于 Google 和与它争夺人才的其他公司而言，首要原则是："你最好以公司为家，而不是住在远离公司的家里，每天通勤上班。此外，每个人都有自己需要扮演的角色，你最好想办法融入这个团队。"

卡蒂瓦克对此有不同的说法（我们也许可以将 Facebook 与 Google 之间的差别比作乐队和团队之间的差别）："Facebook 更像是一支乐队。我喜欢这种类型的乐队，我选择这样的穿着，这里的每个人都目标一致。我们聘用的是能顺利融入这种文化的员工，因而我们自然也拥有同样的兴趣和癖好。"

的确，在我与卡蒂瓦克的交谈中，文化是最主要的话题之一。当太阳微系统公司建造它的企业园区时，管理层的审美偏好是红砖灰泥墙。每座建筑物仅容纳一个部门，围绕着墙壁外侧还建有私人办公室。倾斜的庭院风景如画，里面还坐落着一座法式传统花园。灰泥墙搭配着倾斜的角度，让你感觉仿佛回到了 1965 年。你可以把车停在庭院里，走进办公楼，在你的私人办公室里待上一整天，只需要和为数不多的几个人打照面，来回仅百步的距离。它称得上是办公园区界的"巨无霸豪宅"，在热闹的柳树路尽头的轴线上，还设有一条宽阔的专用车道。

这里地处旧金山、奥克兰和圣何塞中间，面积和位置都符合 Facebook 的要求，但除此之外并无其他优势。他们所有的设计思路，似乎都旨在推翻这里原本的华丽建筑风格，给这片园区带来一些切实的变化，将它都市化、产业化，增强多样性和审美趣味。在 Facebook，人们称该公司的整体风格为"黑客时尚风"，他们通过举办一场"黑客马拉松"的方式来庆祝这次总部乔迁之喜。

在 Facebook 硕大无比的蓝色标识（一只点赞的巨手）上，写着"黑客"的巨大英文单词。在我看来，这种做法挺低劣的，但他们显然认为这是一种创新。在首次公开募股的现场，马克·扎克伯格向潜在投资商致辞时，将"黑客的方式"定义为做事高效以及"勇于尝试冲破条条框框"。

　　这家公司彰显了自身强大的个性。正是它的公司文化促使他们将太阳微系统公司的办公楼从里到外整体翻新，他们拆除了小隔间、直角围栏、石膏墙板、地毯和吸音天花板瓷砖。对原有建筑进行这么多破坏是有些违背常理，尤其是考虑到 Facebook 所秉持的可持续发展议程。你不禁会思考，如果在入驻这片园区的同时也适当保留原有设施，会不会更符合他们可持续发展的环保理念？是选择破坏性的强行拆除，还是选择以更友好的方式再利用？既然他们如此在意工作效率的高低，这也就意味着他们不会有耐心选择后者。

　　卡蒂瓦克表示："一进入这片园区，你便会完全沉浸在 Facebook 的公司文化中，但若只是站在外面，你会觉得这里只不过是另一处硅谷企业园区。我们不想把这里弄成一家主题公园。在这里，你几乎看不到任何公司的标识和 Facebook 特有的标志性蓝色。这里更像是住宅区。你会有自己的办公室，但还有其他地方供你舒适地工作。我们希望在这里营造多样化的工作环境。"从这个意义上来说，现实中的 Facebook 和我们这些外人所了解的一样，总保持开放的状态，随时准备自我提升。在网上，你会在 Facebook 上发布你的度假照片，Facebook 的国际部门也会在天花板上挂满各国国旗以示他们的职能所在。在网上，你会炫耀你的飞盘决赛第二名奖杯，而如果你供职于 Facebook，你会自豪地将它摆在办公桌上。

为了"象征性"地将 Facebook 的节俭理念落到"实处"，设计师们的确大大减少了园区里"门"的数量，取而代之的是通往会议室、洗手间和电话亭的"入口"。部分玻璃上的视线高度处还保留着"太阳微系统公司"的标识，一方面可以防止人们撞上玻璃，另一方面还满足了他们给园区里的任何事物都打上标签的需求。过时的"太阳微系统公司"标识的确和这里反审美的审美标准很搭调：裸露的混凝土地面上残留着已经拆掉的墙面留下的痕迹；空调系统的管道暴露在天花板上；新搭建的石膏墙板上随处可见突兀的钢管柱。

Facebook 的办公室莫过于"大到离谱的闹市阁楼半成品"，这里充斥着二十多岁的年轻男性，个个都像是从美国情景喜剧里走出来的：他们拥有健康的体魄，是顶尖的技术宅，但缺个女朋友。何为时尚黑客？大抵如此。

开放式办公桌、半成品风格的办公空间、玻璃墙会议室和必要的独立电话亭，所有这些元素在这里都能找到。只不过，和 STUDIOS Architecture 设计的彭博社纽约办公室相比，Facebook 成本更低廉，也没那么唯美，但基础构造是相同的。Facebook 的高明之处在于，它将其他企业园区未能发掘的特色彰显了出来。它的目标是：让办公室成为你的家，让公司园区成为你的家乡。

来到 Facebook，你还有什么得不到的呢？这里不但保证一日三餐，还有不限量的零食和备用耳机；不但提供干洗和衣物修补服务，还有常驻的医生、牙医和健身私教。未来，这里还会设置用投影仪播放重要电视节目的露天圆形剧场，在一大片盐沼保护区旁修建环园区自行车道。你还能在园区一角喝到你最爱的咖啡。

Facebook 对园区内部推翻重建的做法，与我在硅谷的另一项发现不谋而合。在此之前，我几乎从未看到过这么多如此缺乏建筑风格的办公楼。这些公司的总部丝毫不重视办公楼的外观，即使它们几度易主，外观也一成不变。Facebook 根本没必要去改变这里的外观，因为这家公司网上主页的重要程度远超于此。在 Google，你根本不会知道，那些经历了 20 多年光阴，已经变色泛黄的玻璃背后隐藏着多少五彩斑斓的乐趣。即便是苹果的环形办公楼，在路人眼中，也不过是林中一闪而过的微光。从美学角度来看，这里的公共生活极度平庸。

为什么科技公司喜欢郊区？

除去营造熟悉的环境和获得足够大的空间外，这些公司在郊区选址，还有一个原因：为了安全。

当然，你可以在旧金山市区享受到所有这些便利的设施，而且不用为此支付租金。所以，为何不将公司总部设在那里呢？在旧金山，Twitter、Zynga 和 Square 之类的互联网公司已经选择开放水平空间，沿用此前公司的建筑外壳，提供便捷的流动餐车和上好的咖啡，并开设美术馆。但它们与位于南部湾区的同行相比，大体上规模更小些。Salesforce 是一家云计算公司，2010 年，它公布了在旧金山的米申湾修建一处全新企业园区的计划。不过，那里其实并非真正完整意义上的社区。园区里会有真正的街道，地面楼层里也会设置可供公众使用的设施。这里没有员工食堂，但有餐厅和零售商店，员工和公众都可以在此购物。这里的露天中心区域将会被称为"城市广场"，可通向公共海滨区。

2012 年 2 月，Salesforce 暂时搁置了米申湾园区计划，声称公司的快速发展等不及新园区的施工时间，于是决定租下位于旧金山市中心现成的一片办公园区。

克雷希曼诺在文章中对 Salesforce 的计划进行了这般描述：它与郊区企业园区的不同在于，进入园区的入口不止一处。我在想，Salesforce 的员工们在工作时间内可能会与公众有多少接触？后来，我挑了一个晴朗的日子来到米申湾，发现这里的街道上冷冷清清。在我看来，这非常符合新都市主义风格的城市特点：干净、美观，但很空旷，街道略宽，门廊略高，但也恰好不具备很多历史性的细节。由于它选址在城市，Salesforce 将不得不顾及建筑外观。他们聘请了公司位于墨西哥城的 Legorreta+Legorreta 设计公司，这家公司的设计特色是明亮的色彩与立方体结构的元素。如果换到别处，这样的设计风格可能过于夸张，但米申湾需要这样与众不同的独特景致。

除去营造熟悉的环境和获得足够大的空间外，这些公司在郊区选址，还有一个原因：为了安全。尽管 Square 的总部选址在《旧金山纪事报》办公大楼中的一层，与其他公司共享办公空间，它还是在自己与隔壁公司之间搭起了一面空白的石膏墙板。至于内部情况如何，尼克·比尔顿（Nick Bilton）在《纽约时报》旗下的 Bits 博客里有所提及：

> 创业公司 Square 总部的环境无疑是玩捉迷藏最糟糕的场所。里面没有独立办公室，高管们也是坐在开放的小隔间里。所有的会议室，无论大小，都绕墙而设，用透明玻璃墙隔开。幸好，这里还有一处地方可以躲藏，那就是卫生间。

尼克似乎把这里写得很不可思议，但 Facebook、诺基亚和其他很多公司的情况也是如此。在硅谷，透明化的办公环境简直司空见惯。新一代的国际大使馆采用了透明化的风格，只不过他们配备的是防弹玻璃，大使馆与外界之间还隔着草坪与石块组成的缓冲带。第一座以玻璃为主的现代大使馆建成之时，透明化象征着开放。但如果你总是站在离它 60 米以外的地方，那么，透明的玻璃和不透明的石头也许并无差别。Square 全体员工（当然不包括公众）都能看到杰克·多尔西（Jack Dorsey）在与谁开会，但由于他们听不到开会的内容，也看不到他所看的显示屏，所以他们并不会真的了解更多内幕。

我曾经在 Facebook 的接待处待了十分钟,那里还坐着另外四个人,他们其实正一言不发地抱着笔记本电脑开会。起初,我并没意识到他们彼此认识,直到其中一个抬起头问:"我是不是应该在 Skype 上加你为好友?"这些人甚至连玻璃都不需要,就能很好地隐藏自己。

卡蒂瓦克表示,在产品更新迭代的同时,Facebook 需要一片独立的园区,这样一来,不同的部门才不会像在帕洛阿尔托的办公楼里那样挤在一处。即便是公司里每天载着半数员工南北来回通勤的巴士,也被称为必要的安全措施。他还告诉我:"即使坐火车去上班,如果你在通勤途中携带了工作相关的东西,第二天你就会发现它被挂到了博客上。"不过,硅谷最有名的泄密事件发生在雷德伍德城的露天啤酒店,一位苹果的软件工程师把自己的手机落在了吧台上,后来,这部手机被卖给了技术博客 Gizmodo。也许是为了避免此类酒后大意造成的泄密,Facebook 设置了一家自营的室内运动酒吧,名叫"阴凉女士"。Google 也会在周五晚上组织员工与创始人们一同参加酒会。园区内对相关工作物品的携带百无禁忌。而且,走在园区里的"主街"上,你可能分辨不出它和真正的市区主街有什么差别。如今,这些室内室外条件兼备的办公园区,既能做到空间上宽松自如,又能保证知识产权的安全。大多数情况下，任何人都可以在园区里穿行，在路边长椅上坐下，在停车场里停车，在公司自营商店里购物，或者沿着车道骑自行车。不论在苹果的总部所在地库比蒂诺，还是在 Google 的总部所在地山景城，或者是 Facebook 的总部所在地门洛帕克，你都找不到警卫室的存在，也不会有人要求你出示身份证件。然而，你以为这样就算真正走进这几家公司了吗？

选择空间封闭，还是共享？

你更希望自己的孩子在你自家的后院里玩耍，还是在公共游乐场里和其他孩子一起玩耍？

要拜访苹果总部，你需要驱车驶往迪安萨林荫大道，穿过一小段加州商区建筑群。这里有红杉木搭建的牙医诊所、混凝土外墙的自助洗衣店、全新的大型连锁商店和翻新后变身"中国城"的老旧商场。街道两侧的建筑风格鱼龙混杂，然而，浅灰色的"苹果"标识一出现，便让人顿生清新之感。其他商铺瞬间消失不见，我们已经进入苹果的地盘。我在访客停车场停好车，花了一个小时步行，绕着苹果目前的几座库比蒂诺建筑外围转了一大圈。我看到有人在打篮球，有人坐在盐沼草地旁围着栅栏的院子里享用午餐，还有人在建筑物之间穿行。虽然我看起来像个跟踪狂，却没人来过问。我甚至有可能穿过有门禁的玻璃门，因为一些员工会礼貌地帮身后的人撑开门。在园区外的林荫大道上，只有一根路灯柱上印有苹果的标识，上面提醒来访者，园区内无论室内户外都禁止吸烟。

在苹果位于无限循环路（Infinite Loop）的总部里，这家公司的权力中心位于中庭的 6 座楼内，每座楼上都有一条贯穿多层、天窗采光的通道通往中庭。它们看上去和其他建筑分隔开来，但在高度和体积上却并无差异，同样也是从前任公司手中收购来的老楼。事实上，它们构成了整个环形园区内的另一个小环。Foster+Partners 公司设计的环形二代苹果园区也许是对现有空间结构的重新诠释和美化。我拜访苹果的那天，所有的遮光板似乎都关上了。虽然我能看见很多扇窗，却看不到窗内的一切。

在无限循环路 1 号，访客可以进入一处类似密闭过渡舱的大厅，它被夹在两面玻璃墙之间，访客游览区到此为止。你还可以在公司内部的商店购买仅此有售的苹果周边产品，这些别出心裁的周边会立即引起你的兴趣，比如粉色和蓝色的婴儿连体衣（没错，就连苹果也对性别差异有思维定式），或者印有"我去过苹果总部，但除此之外无可奉告"字样的趣味衬衫。

在硅谷，传统的东海岸对"市区"和"郊区"的定义已经不再适用。苹果的新总部计划并不会为库比蒂诺带来什么，然而，废弃目前这座位置更靠近市中心的园区，倒可能会在短期内对这里的商业房地产市场造成重创，但并不会改变这里的长期街道景观。苹果现有的城市化设计是有缺陷的。人行道过于狭窄，景观规划呈线形，你感觉自己必须不停往前走。你可以接近甚至触摸这里的建筑，但你没有进入的权限。既然如此，那还何必再来？

代替警卫室和保安人员的是门卡。想要离开"密闭过渡舱"，请刷卡。想要进入其他任何一座办公楼，请刷卡。想要使用健身房、租借自行车或电动车，甚至是在同一座楼内来往于不同部门之间，你都需要刷卡。除此之外，员工们还形成了自我监督机制：拜访 Google 时，我的向导正忙着交谈，没有在走到门口时及时掏出门卡，走在我们前面的人便将门拉到半开的状态，并点头向她示意，就像在问："你的门卡呢？"她告诉我，周末逛商场时，见到商场的自动门，她有时甚至会习惯性地掏出门卡去刷。Google 和 Facebook 都未在园区内设置零售商店，不过，我猜网购已经足够满足员工需求了。无线技术将真正的市区咖啡店和公园变成了可以办公的地方，而位于郊区的公司园区也已经在他们开设的咖啡店和公园里采用同样的技术，将其变为真正的工作场所。

在这类园区里工作，似乎的确会让人产生恐惧：你惧怕那些让你获得成功的东西会被取代，就像你看到"黑客时尚风"在 Facebook 里曾数度风行起来；你惧怕改变那些已经获得成功的产品，此处可以苹果为例；而且，承认吧，你还惧怕陌生人，这都是门卡惹的祸。亚历克斯·米歇尔（Alex Michel）是 Hub Bay Area 的创始人和 5M 项目的领头人。他表示，多家公司共用的市区技术园区和刷门卡进出的郊区技术园区之间的区别，在于员工如何看待进入园区的陌生人。员工会认为，园区内的咖啡店和舒适的沙发，不正是为了创造偶遇而设置的吗？或者，他们视陌生人为威胁，认为他们随时可能偷窥你手机上的内容，然后把它们放到博客上。

换句话说，你更希望自己的孩子在你自家的后院里玩耍，还是在公共游乐场里和其他孩子一起玩耍？将菲尔兹咖啡这样的市区品牌店铺和象征都市文化的街边流动餐车带进郊区技术园区的举动，表明有一定比例的来自南部湾区的员工居住或者曾经居住在旧金山市，至少他们都能认出那里的品牌。然而，他们的办公地点是不能设在那里的。据称，Google 员工曾在通勤班车站的附近选择居住的公寓，虽然班车属于私人交通工具，公司也会根据员工居住的情况改变站点位置。据说，Google已计划在山景城建造员工住房和零售商铺，让员工们"成为这个社区的一份子"。但这里的"社区"到底指的是什么？

一间属于自己的办公室

　　新型集体思维已经占领了我们的工作场所、学校和宗教机构。

　　从 2003 年起，Google 就开始租赁并收购几座彼此靠近的办公楼，它们曾经分散在数家公司名下，每座楼都有自己的景观停车场。它们总共能容纳 28 000 名员工。其中干净、平整的人行道和露天剧场大道尽头的海滨公园都属公共设施。那里还有一片居民住宅和一处海外餐厅，它们也并非 Google 所有。Google 的安卓大楼内有一面后现代风格的镜子，在混凝土广场上延伸了好几码的距离，那里也是美国世纪投资公司的所在地。一下子从拥有 10 座办公楼的园区搬进了拥有约 30 座办公楼的园区的确是

规模相当大的转变。你得根据地址进行导航。在主园区
的代客停车场里，路边的指示牌上会印有 Google 的标识。

　　Google 园区里的高地顶端有 4 座办公楼，它们原本
属于硅图公司。楼体表面采用了三原色搭配的轻快风格，
在周围的景观中相当显眼，办公楼外还立起了一系列雕塑。
这里还有恐龙骨架标本"斯坦"和一座社区花园。其他
大部分建筑都藏在树林和景观的边缘之后。不过，和苹
果一样，在 Google，你在人行道上看到的基本都是本公
司员工。在人行道和马路之间穿插出现的灌木丛，大多
随着道路的走向自然生长。Google 花费了大量时间来配
置和重新配置园区内部的 30 多座办公楼，但道路的走向
都维持原状。这意味着，有时从 43 号楼到 1098 阿尔塔
楼并非易事，虽然它们隔得并不远。

　　这整座园区始建于 20 世纪 70 年代后，起初是多家
小公司的总部集合地。Google 有色彩鲜艳的免费自行车
和通勤班车，甚至还提供全美国规模最大的电动汽车租
赁服务，如果员工需要在当地办理相关业务，可驱车前往。
会议之间的间隔会控制在 50 分钟以上，这样人们就有足
够的时间来往于不同办公楼之间，这一点跟大学校园里
的课程设置很像。由于这里的街道是公共设施，归山景
城所有，Google 无权对其进行重新规划，但有些改变也

在所难免。他们在附近的 101 号公路上方修建了一座公共桥梁，更好地连接起园区和城市的其他地区。这些技术园区的外部缺乏与办公室内相匹配的审美格调，看起来就像是故意留下了一片盲区，这一点在 Google 体现得尤为明显。他们的公司文化迫使人们采用步行、骑自行车或独轮脚踏车的方式上班，但他们所处的外部环境实际上并不利于他们这样做。

　　在硅谷，很少有公司关心过办公楼外的一切。似乎，在意公司的外在形象会显得轻浮和过时。前赴后继的创业公司在这里生长又消亡，它们或租下或买下这些办公楼，但只是改变其内部构造，并不在意其外表。他们并不关注外部的设计美学，只注重关乎实际的问题。在这样的环境中工作的建筑师和设计师需要考虑的问题是：如何利用这些空间促进创新、保证公司的健康发展和提高生产力？如何培养创新精神和企业文化？

　　结果是，虽然办公楼外部景观乏善可陈，但内部的视觉效果相当惊人。我在 Google 参观的几座办公楼似乎向我展示了过去十年里办公室的变迁。如今看来，克莱夫·威尔金森（Clive Wilkinson）对硅图公司办公楼的改造显然已经过时了。玻璃墙搭配排气孔向上打开的帐篷式屋顶。隔热的"圆顶帐篷"下是一人高的金属框架小隔间。墙面上有员工的画和火人节度假照片。大厅里摆着一座金属滑梯。它的设计目的就是让人真正享受滑滑梯的乐趣，而并非单纯的摆设。正如 Google 一贯拒绝将其网站主页的风格和版式复杂化，这家公司的办公室也很普通，然而，这里与众不同的是他们越来越多的成就和日益彰显出来的各种宅趣味。Facebook 的黑客风格更具自发性和年轻特质，而 Google 在文化方面的尝试则显然是从企业结构的角度来贯彻的。举个例子，如果我们用 Yoshka（Google 养的第一条狗）的名字来命名一家新开的素食餐厅，的确很可爱。但我们是否需要为 Yoshka 画一幅数字肖像，在屏幕上轮播 Google 现在所有狗狗的照片，并且设置一片人工草坪呢？换句话说，如果有一批员工从伦敦搬来这里，那么，为他们供应食物的餐厅是否该更名为维多利亚餐厅，还要应景地加上伦敦地铁的标识？这件事可大可小，有一个度的问题，需要我们来权衡。

就我个人而言，如果让我在 Google 的办公楼里待上一整天，我只会选择其中的一座，那便是不动产与工作场所服务部（Real Estate and Workplace Services）所在的大楼。那里的员工正在进行一场实验，他们采用来自 Steelcase 和 Knoll 等制造商的新型迷你办公系统，天花板上安装的是悬挂式照明系统。白色办公桌较为矮小，地板由混凝土和轻质木材铺成。"迷你式厨房"类似于斯堪的纳维亚风格。装饰墙上画了靛蓝和祖母绿的雨滴和波浪，因为他们曾讨论过什么颜色能够提高生产力。如果不考虑需要摆放大量的书，这里完全可以作为建筑师的办公室。

这次探访进行到第 4 天时，一切开始变得有些狂热。所有的设计风格都以"获得意外之喜""创新""培养创造力"和"塑造独特企业文化"为目的。硅谷员工享受到的便利设施数量之大、质量之高，看似是硅谷慷慨的馈赠，或者可以说这是一种铺张浪费的经营模式，然而这都是经过严格核算后通过的方案。因为你在园区里安置的设施越健全，员工们越没有必要离开这里，他们待在这里的时间越长，就越会将更多的时间花在工作上。办公室的环境越开放，空间和食物越具多样性和吸引力，他们便会获得更多的意外之喜，也就会产生更多的创新。在 Google，人们已经成功地将这些附加议程纳入一项计划：步行会议。它能集生产力、新发现与运动健身为一体。如果你行走途中在一家咖啡馆门口停下，专门为了喝一杯排毒柠檬水（一种清肠、断食的饮品，配料包括：柠檬汁、枫糖浆和辣椒粉），你也就同时参与了一次步行会议。

我从硅谷回来后的那个周日，《纽约时报》刊登了

苏珊·凯恩（Susan Cain）的一篇"新型集体思维的兴
起"（The Rise of the New Groupthink），从更广泛的方
面描述了我的经历：

> 我们的公司、学校和文化都受到同一种理
> 念的束缚，我称之为新型集体思维，这种理念
> 认为，创造力和成就来自于社交极度频繁的场
> 所。我们大多数人都以团队的形式，在开放的
> 办公室里工作，经理们往往将人际交往能力看
> 得高于一切。孤独的天才已经出局，团队合作
> 才是王道。

新型集体思维已经占领了我们的工作场所、学校和
宗教机构。如果你曾经坐在自己的办公室里也需要带上
降噪耳机，或者曾经为了逃避一场真实的会议而在网络
日历上标记一场并不存在的会议，那么，你一定懂我在
说什么。事实上，美国所有工作的人都在以团队的形式
工作，其中有大概70%的人在开放式办公室办公，处于
这种工作环境中的人们没有"属于自己的办公空间"。

在 Google 和 Facebook，开始让人无法忍受的不仅
仅是听觉上的噪音，还有视觉上的噪音。我开始惊诧于

自己竟然每天独自工作、自己承担所有零食费用、只在
Twitter 上与人交流，也能成为一个有创造力的人。

快乐的异托邦

将办公室设置在一片杏园中只是乔布斯在满足自
己田园牧歌式的幻想。

Google 给人最深刻的印象是，他们认为自己能将事
情做到更好。他们的研究项目包括提高汽车的性能、提
高建筑业的效率、创造更多可持续的建筑材料和使加州
火车实现电气化。他们已经完成了对零食的营养分析，
选择摒弃瓶装水，重新开始提供苏打水。他们知道什么
东西对你有好处，但只有他们的员工能够切实地从中受
益。了解这些后，作为一个外人，站在 Facebook 的主街
上，你也会产生同样的感受："这里比帕洛阿尔托的市
中心好多了，我为什么不能也住这儿？"

这不算是什么离经叛道的想法。想想印第安纳州
的哥伦布，它就是个潜在的先驱。欧文·米勒（J. Irwin
Miller）是康明斯公司的董事长，他成立了一个基金会，
为更好的公关建筑提供资金支持，他聘请了设计师亚历
山大·吉拉德（Alexander Girard）来改造这座城市位于

华盛顿街上的商业区。

库比蒂诺市领导们想方设法将苹果所纳之税留在本市，但若是这座城市能从苹果所拥有的知识财富和实物资产中受益，才是更明智的做法。

苹果的新园区位于公路的另一侧，远离迪安萨林荫道这条主干线，在街道上也更难看到，因而与街边的一切更是鲜有交流。这片园区是从惠普的手中收购而来的，其间散布着稍过密集的惠普办公楼和停车场，但如果你驾车绕着它游览一番，便很容易发现，声称这里曾是他童年长大的那片杏园的史蒂夫·乔布斯是个多么怀旧的人。我在路边看到了一排排老杏树，离这里最近的建筑是一家希尔顿花园酒店、著名的汉普顿高档公寓区和一座中文招牌随处可见的购物中心。这里并非乡村，很久以前就不再是了。将办公室设置在一片杏园中只是乔布斯在满足自己田园牧歌式的幻想。其实这和在此建高楼大厦一样，都是人类有意为之。从远处看，这里就像在实施一项生态恢复工程，但靠近些后，你会发现，如果要把这里变成一片真正的果园，所花费的气力和制造数千块弧形玻璃板一样多。能够在无限循环路上从零开始兴建一处全新的工作场所，再加上人手一张的门卡、免费的食物、频繁的会议和搭配跑步机的办公桌所营造出的工作氛围，这的确是一次机遇，真正向世人展示了何谓"让员工根本离不开的办公室"。

我开始觉得，这一间间办公室其实是一艘艘游轮，这里是快乐的异托邦，一成不变的工作也变得多样化起来，不再那么难以忍受。你可以选择你的办公方式（坐着、站着或者跑着），你的午餐（墨西哥卷饼、生食或者寿司），你的交通方式（步行、骑车、搭班车，如果你一定要求开车，这里也能满足你）和你的工作场所（工作站、休息区或者庭院里，无论何处，都有无线网络可供使用）。但你必需身在园区，其他人随时可以找到你。即使是内向型人格，你也能很好地适应这里。

没错，这些公司对公众并不一定有任何亏欠。《纽约时报》的一篇文章中曾引用一位苹果高管的话："我们的苹果手机面向一百多个国家发售。我们没有义务解决美国的问题。我们唯一的义务是尽可能地制造出最好的产品。"如果把这段话中的"美国"替换成"库比蒂诺"，这便是拥有这片环形园区的苹果公司的态度。

然而，硅谷技术公司们越热衷于在郊区重建都市景观，就越难以解释为何需要选择远离都市。随着这些公司的发展壮大，当地市政府也的确对它们的纳税情况越来越不满，也越来越渴望从它们所取得的成就中获益。数千名员工来往于这些郊区技术园区，自然会造成损耗和污染，但却对活跃当地的公共领域没有做出任何贡献。另一方面，部分公司也已经意识到，它们无法为其员工提供所需的一切（例如：家）。Google 已经成功说服了山景城政府，改变园区附近土地的区域划分。Google 计划在 101 号公路一侧的纯商业区里修建居民住宅、零售商区和各项服务设施。严格意义上来说，Facebook 的新园区位于门洛帕克市，但实际上，它更接近东帕洛阿尔托市，那里的发达程度远不及前者。这家公司已经计划在公路另一侧扩建一片西部新园区，在那里建造零售商区和居民住宅。2011 年 3 月，Facebook 赞助了一场园区外的"黑客马拉松"，邀请了建筑师、设计师和规划师，对太阳微电子公司旧址、百利黑文和附近沼泽区之间的联系进行重新设想与规划。

这些关于多功能和交通方式的方案所缺少的，是一套有组织的原则。

技术公司应该加强彼此间的交流，以及与当地市政府和市民之间的沟通。他们的确可以建立属于自己的"世外桃源"，但如果能对城市与郊区进行重新规划，将其变为一个相互协调的集成化创新机器，这样机遇会更大些。设计也许不是重点。硅谷人已经建立起全新的城市模式，但仅仅是发展园区内的主街，这样的想法未免太狭隘了些。然而，多方合作的区域规划的前提是这些公司所在的城市不会阻碍其生产力的发展，而能成为其发展的有利条件。让没有门卡的人进入园区的确会造成安全隐患，但也为获得意外之喜创造了机会。当然，一定的怀疑也是有道理的，那些非员工市民进入园区后，可能只是取其所需，但并未为在门禁范围外留下任何有价值的东西。Facebook 举行的"黑客马拉松"也许算得上是个宣传的噱头，然而下至每个城镇、上至整个地区，都能组织类似的活动，让那些重要公司的土地所有者借此表达他们的所需和所有。当然，每座城市也有机会做同样的事。一幅技术公司通勤班车的路线图恰好指出了公共交通的缺失与失职之处。Google 员工们希望能畅通无阻的路线，也是公众人行道与自行车道需要覆盖的路线。至于那些还未成为办公场所的地方，则为我们提供了更多潜在的发展机遇。从拥有股票期权的百万富翁，到百利黑文的居民，经济能力可以承受的居民住宅与每个人都息息相关。

结语

　　2013 年 1 月，SPUR 发表了一份标题为"工作的城市化未来"（The Urban Future of Work）的报告，概述了很多这样的机会。从工作场所的城市化设计到其位置的不规则分布，从通勤模式到成长型产业，报告研究了湾区现有的工作模式，并得出结论：尽可能地集中工作地点、缩短通勤距离，并加大对多功能商业区的投资，是发展地区经济、减少不规则分布的关键。湾区不像纽约，甚至和哈特福特也不同，这一点永远也改变不了，但它仍能变得更为集中化和可持续发展化。正如 SPUR 的埃贡·泰尔普兰（Egon Terplan）阐述的那样，尽管硅谷公司所处的位置都不在市中心，其中有些公司仍能通过班车、自行车和拼车等方式实现环保的通勤。"虽然这里的公共交通有所欠缺，但你仍能在没有私家车的前提下来这里上班。这让那些对工作地点的选址颇为不满的人们也无从抱怨。"这不是旧金山与森尼韦尔之间的对抗，相反，我们要在这两座城市间创造一种全新的城市生态。修建一条条模拟都市生活的主街，这种做法只是权宜之计，真正的目标是为黑客们修建一所属于他们的迪士尼乐园。

在报告中，作者们写道，全新区域划分的关键标准应该视其是否有"社会效益"，即"某块区域是否达到了公共领域的相关要求（例如：街道和空间活跃度）"。Google 在设计方案方面事无巨细，从选择为员工提供零食到办公空间的配色，都一视同仁。对这样的公司来

说，这一标准似乎对他们诱惑不小。过去 20 年里，硅
谷已经将他们眼中城市的一切优点移植到这片郊区的土
壤之上，是时候停止对这里的过分保护了。首当其冲的
便是 Facebook 的餐厅，那里有若干座豪华的欧式酒店大
厅，摆放着时髦的自然艺术品，简直就是漫画版的埃斯
酒店。人们之所以趋之若鹜，是因为它展现出一种新型
的城市空间。在营造现实中的公共领域方面，硅谷能像
它在重塑网络虚拟公共空间时那般自如吗？如果对意外
之喜的狂热执着有任何价值，那么，在城市与郊野之间
产生的这种新都市主义一定会激发更多价值连城的点子，
吸引更多的员工，营造一个更健康的环境。如果事与愿违，
也许，从一开始，他们选择信奉"集体思维"之"神"，
就是错误的。

亚历山德拉·兰格 　｜　Curbed 网站的建筑评论家，
（Alexandra Lange）｜并在纽约大学视觉艺术学院教
　　　　　　　　　　｜授设计评论。

执行策划:

不知知(自动贩卖机,买下全宇宙)

Lobby (大人的玩具:从乐高积木帝国说起)

傅丰元(可供性:隐藏在设计背后的力量)

不知知(无用的艺术)

傅丰元(硅谷造城记)

微信公众号:离线(theoffline)

微博:@ 离线 offline

知乎:离线

网站:the-offline.com

联系我们:AI@the-offline.com